技能专家教诀窍丛书

天然气管道清管作业工作法

彭 辉 著

石油工業出版社

内 容 提 要

本书主要介绍了天然气管道清管作业的准备、清管器的选用、清管作业过程控制及对异常情况的判断处理方法。适合作为采气工培训教材，也可作为与采气工有关行业人员参考用书。

图书在版编目（CIP）数据

天然气管道清管作业工作法 / 彭辉著 .
北京：石油工业出版社，2009.3
技能专家教诀窍丛书
ISBN 978-7-5021-6859-9

Ⅰ. 天…
Ⅱ. 彭…
Ⅲ. 天然气输送 - 管道 - 清理
Ⅳ. TE973

中国版本图书馆 CIP 数据核字（2008）第 170332 号

天然气管道清管作业工作法
彭辉 著

出版发行：石油工业出版社
（北京安定门外安华里 2 区 1 号 100011）
网　址：www.petropub.com.cn
编辑部：（010）64523582　发行部：（010）64523620
经　销：全国新华书店
印　刷：石油工业出版社印刷厂

2009 年 2 月第 1 版　2009 年 2 月第 1 次印刷
787 × 1092 毫米　开本：1/32　印张：1.875
字数：30千字

定价：10.00 元

出版前言

企业兴盛，人才为本。高技能人才队伍是中国石油天然气集团公司（以下简称“集团公司”）三支人才队伍的重要组成部分，在企业日常生产运行、技术创造发明和经营管理活动中具有不可替代的重要作用。近年来，集团公司高度重视技能人才的培养与使用，两级技能专家制度的建立，也为广大技能操作人员立足岗位成才、拓展发展道路、实现自身价值提供了良好的环境和机遇。实践证明，中国石油的任何一名员工，无论从事哪个职业，无论工作在哪个岗位，只要干一行、爱一行，钻一行、精一行，就能成为某一个领域内的专家，就能实现自我价值，得到企业的认可和人们的尊重。

尽管每个人的成才道路是不同的，但所有人成才之路都绝不是平坦的。集团公司的这些高技能人才，要么身经百战，技术水平高超，要么理论基础扎实，实践经验丰富，他们都是新一代石油工人的杰出代表，集中体现了忠诚企业、献身石油的坚定信念，刻苦钻研、追求卓越的进取精神，爱岗敬业、甘于奉献的优秀品质。

经过多年的努力，集团公司人才工作取得了很大成绩，但与国际大石油公司相比，现有高技能人才的数量、质量和结构还不能适应企业发展的需要。加快高技能人才队伍建设，壮大高技能人才队伍，已成为促进企业产业优化升级，推动技术创新和科技成果转化，保证装置、设备平稳运行和安全生产，提高企业核心竞争力的当务之急。一个人浑身是铁，又能打几根钉？我们组织这套《技能专家教诀窍丛书》，就是要搭建一个交流的平台，一方面将这些技能专家多年来积累的经验与做法传授给广大的青年员工，培养和带动更多的人走技能成才之路；另一方面，鼓励和吸引集团公司的高技能人才不断总结、提升、发扬自己的经验和成果，为集团公司员工培训教材的出版发挥积极作用，从而为集团公司人才队伍的建设贡献自己的力量。

我们衷心地希望，本套丛书的出版，能够实现组织者的初衷，能够让越来越多的实用性技术和宝贵经验被总结和出版，进而广为传播，让个人的聪明才智成为集体共享的资源，共同在奉献能源、创造和谐的宏伟事业中，创造出更多更辉煌的成绩！

2008 年 10 月

前　言

天然气管道清管作业是天然气管线最基本、最常用的维护手段，清管作业的水平高低，直接影响管线的输送能力。虽然近10年来，我国的清管作业技术发展很快，引进了很多国外的新设备、新技术，使得这项作业技术的管理水平有了很大的提高，但其作业流程及基本处理方法没有改变。

本人长期在采气一线从事清管作业，对清管作业流程及清管作业过程中常见问题比较熟悉。为了能使新员工更快地熟悉这一工作，就清管作业的准备、清管器材的选择、清管作业过程的控制以及常见故障的分析与常用处理方法，结合自己的实践总结和心得体会，编写了本书。

本书在编写过程中，从贴近采气工工作实际，能对采气工的实际操作有一定的指导作用出发，力求做到语言表述科学简洁，通俗易懂。

在本书的编写中，文绍牧、何玉贵、何志强、杨宇等给予了大力支持和帮助，在此表示衷心感谢。

由于编者水平有限，书中难免存在疏漏和错误，希望得到广大读者的批评、指正。

著　者

2008年9月

目　　录

第一章　清管前的准备工作

一、清管前的调查

清管前应清楚了解管线的规格、长度、使用年限、安全工作压力、相对高差、穿越和跨越情况、弯头、斜口、有无变形、阀室、阀井、支线、三通、地貌的特殊情况。还应了解管线有无改造，及改造部位的壁厚等。值得注意的是，有的管线在改造时，所使用的短节、三通和原来的内径相差较大，而且这些三通和短节往往又距收发装置的距离很近，这种情况给收球带来很大的困难。主要表现在清管器运行到这些地方的时候，由于管道内径变小而受阻，需要较高的压差才能推动，清管器一旦启动运行时，速度很快，很容易对收球装置形成冲击，发生事故。所以，在对管线改造时一定要选择和原有的内径大致相同的管材，以免遗留后患。

收发球装置必须完好，相关阀门灵活，仪表性能可靠，排污及放空口符合清管要求，放空点火装置完好，排污池容量满足要求，干气清管排污口建议被水淹没 300mm 以上。

要了解历次清管状况，对曾经发生过的异常情况认真分析，制定出相应的处理措施。要准确了解目前输送气量、压力，计算当前输送压差及输送效率。清管前应对清管时需要的最低流量有所要求，并有处理异常情况的后备产量。如流量过小，容易发生清管器密封不严的情况，这时若无后备产量则会失去很多处理问题的办法，使现场情况恶化。

二、认真编写清管作业方案

根据清管前的调查，认真编写可行的作业方案，并对可能发生的意外情况有应急处理办法。

1. 根据调查情况选择合适的清管器材

一般情况下，干气输送应优先考虑皮碗清管器，清除管线的粉尘效果较好。但如果管线长期未清管，在管道内粉尘过多的情况下则使用清管球为宜。输送湿气的管线（一般为 *DN*200 及以下）应选择清管球和高密度泡沫清管器（图 1–1）。其中，高密度泡沫清管器对于管线较短、杂物较少、三通较多、历次清管很少发生异常的管线效果很好。对于杂物较多、异常情况较多、管线内径略有变化和新建管线，则选择清管球为佳。个别管线可视

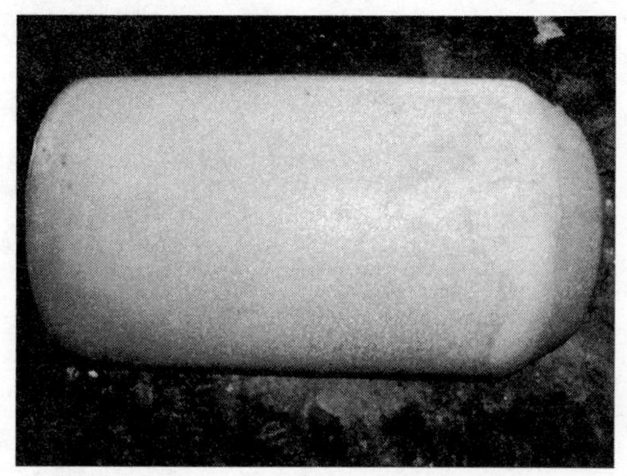

图 1-1　高密度泡沫清管器

情况使用双向清管器（图 1-2）和清管球组合清管。一些管线根据情况需要可在清管器上带钢丝刷（图 1-3）、磁铁（图 1-4）、钢刺（图 1-5）等。对于容易发生异常的管线还可带发

图 1-2　双向清管器

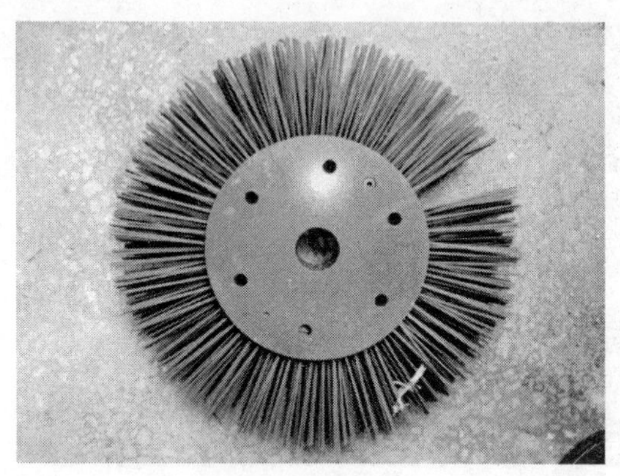

图 1-3　钢丝刷

图 1-4　磁铁

报装置，以便清管器被卡时利于寻找等。在使用钢丝刷、钢刺后，应再次使用带磁铁的清管器，以便清除残留在管道内的断钢丝及粉尘。干气输送管线如果预计粉尘较多，可考虑使用

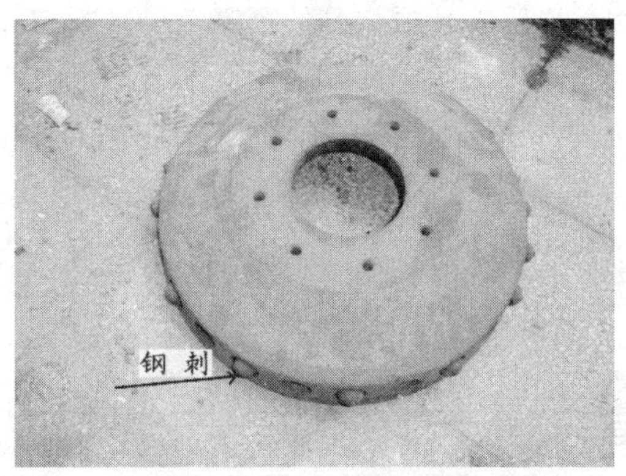

图 1–5　钢刺

带有吹扫孔的双向清管器（图 1–6）。这类清管器在顶部有 3 个或 4 个吹扫孔，内部装有弹簧，作用原理与弹簧式安全阀相同。当粉尘过多阻塞清管器运行时，清管器前后的压差逐步

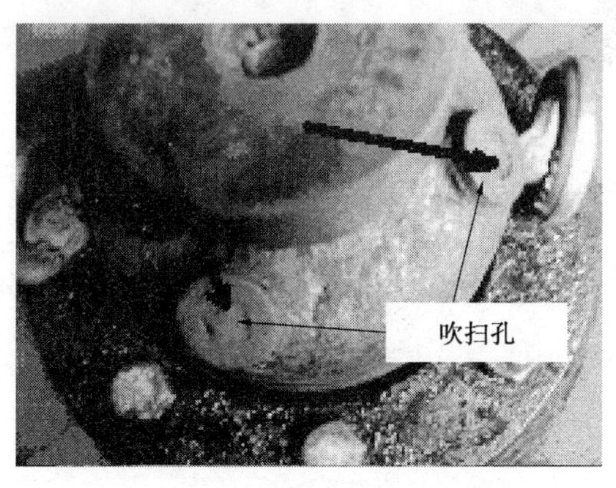

图 1–6　有吹扫孔的双向清管器

增大。当压差超过弹簧的预紧力后，吹扫孔被打开，气流按一定角度喷出，吹扫掉堆积在清管器前的粉尘。阻力减小后，清管器继续运行，当推球压差降低到弹簧的预紧力以下后，吹扫孔关闭，清管器继续进行正常运行。清管器材的选择见表1-1。

表1-1　清管器材选择表

名称	优　点	缺　点	适用管线
泡沫清管器	1. 价格低 2. 清理污水效果好 3. 通过三通时顺利	1. 质地软，易损伤及破碎 2. 重量轻，易进入引流管线 3. 清理粉尘能力弱 4. 监听较困难	通径200mm及以下且杂物少的有水管线，管线距离较短
皮碗清管器	1. 清管效果好 2. 通过三通时顺利	1. 价格高 2. 被卡后不易处理 3. 管线曲率半径要求较高	通径300mm及以上且杂物少的干气管线
清管球	1. 可按要求调整过盈量 2. 适应性广	1. 清理粉尘能力较差 2. 通过三通时易发生偏心	各种管线均可使用

注：以上列表仅供参考，新建管线应采用清管球为宜。

2. 过盈量的确定

泡沫清管器及皮碗清管器的过盈量是固定的，主要谈清管球的过盈量。实践证明，影响过盈量的主要因素是管径的大小，其他一些因素也有一定的影响，如管线的清洁程度、长度、清管时的压力和流量影响等。选择过盈量一般可用公称通径的分米数乘以 2%即可。例如，公称通径为 300mm 时，其过盈量为：3×2%=6%。对 400mm 以上的管线，则要用上述方式计算出的结果再减去 1% ~ 2% 为宜。例如，公称通径为 500mm 时，其过盈量为：5×2%−2%=8% 或 5×2%−1%=9%。

3. 清管器运行距离的确定

清管器运行距离可用下面公式计算确定

$$L=\frac{4p_nTZQ_n}{\pi D^2T_np}\times e$$

式中 L——球运行距离，m；

Q_n——发球后的累计进气量（标准状态下），m^3；

p——发球站的推球压力，MPa；

T——球后管段天然气平均温度（取发球站气体的温度），K；

Z——p、T 条件下天然气压缩系数；

p_n——基准条件下压力，0.1MPa；

D——输气管线内径，m；

T_n——基准条件下温度，293K；

π——3.14；

e——球的漏失量修正系数，一般在 0.90 ~ 0.99 之间取值。

现场工作中，上式的压缩系数可忽略。

实践证明，各条管线应根据不同的特点取 e 值，此值取正确，计算误差很小。本人在清管工作中，计算时间与实际运行相差一般为 2min 左右，最大不超过 5min。

第二章　清管操作方法

一、发球操作

清管器发送装置流程如图2–1所示。检查发球装置、仪表完好、灵活、可靠，确认球筒压力回零后，打开球筒盲板，将清管器推入球筒大小头处，确认封闭严密，然后关闭盲板。球筒有平衡阀的应打开平衡阀平衡筒压，对发球装置进行严密性试压。确认无泄漏现象后，缓慢开引流阀。筒压和干线压力平衡后，打开球阀。此时，必须和收球方进行联系，确

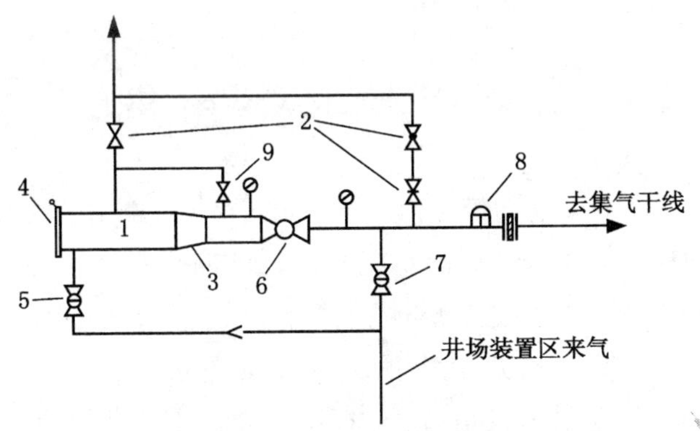

图2–1　清管器发送装置流程图

1—球筒；2—放空阀；3—大小头；4—快开盲板；5—进气阀；6—球阀；7—生产阀；8—球过指示仪；9—平衡阀

认收球方已作好收球准备工作、收球装置完好后，先关闭球筒平衡阀，然后关闭干线生产阀，将清管器发出。确认清管器已通过干线生产阀三通后，打开生产阀，关闭引流阀，再关闭球阀，然后开球筒放空阀卸压。清管器发出后必须立即通知收球方发球时间、压力、流量、预计收球时间等情况，并向调度室及时汇报。在清管器运行过程中，密切监控其运行状况，如有异常，必须与收球方和调度室进行联系，及时处理。

发球操作时注意事项如下：

（1）打开盲板前必须确认球筒不能带压。

（2）开盲板操作时，操作人员不能面对盲板和站在盲板支撑臂方。

（3）干气输送管线开盲板前应向球筒内注清水，以有效地防止硫化氢粉末自燃现象发生。

（4）个别推球气量较小的管线，关闭干线阀后，可能清管器不能发出，此时可关闭引流阀。一般控制发球压力高于管线压力 0.3MPa 时，快速打开引流阀，将清管器推出。如仍然不能发出，可在推球压力不高于管线压力 0.5MPa 的情况下重复以上操作。此时，如还不能将清管器发出，则应重新打开盲板，检查清管器材和重新将清管器推紧至大小头处。

(5) 不能确认清管器是否发出时，必须打开球筒盲板进行检查。如果因为管线施工，所发的球是作为密封施工现场、防止气体泄漏的情况，球发出后，必须打开球筒进行检查，确认密封球已推入管道内，以保证施工作业安全。

值得注意的是，有时候清管器已被推出发球筒，但是并未通过生产阀三通，这时如果开生产阀进行推球，打开球筒检查会误认为清管器已被发出，而实际上清管器则在球阀与三通之间。如果出现这种情况，在倒入正常推球流程时，管线的压力、流量和平时正常生产时基本无变化，最好判断的根据是差压的波动情况。清管器在运行中，差压的波动是很明显的，如果通过一段时间的观察，差压没有明显的变化，各种参数均和正常生产吻合，那么，就要考虑清管器是否通过三通。此时最好的处理方法是，重新打开引流阀和球阀，关闭生产阀，把清管器重新推出。这个时候要考虑清管器如果密封状况不好，会发生气量大量漏失，使其误判断清管器不在球阀与三通之间。最好在重新推球时，适当提高推球压力和流量，并根据参数对清管器的运行状态予以确认。

二、收球操作

清管器接收装置流程如图 2–2 所示。检查收球装置、仪表完好、灵活、可靠后，关闭放空、排污阀，缓慢打开平衡阀，对装置进行严密性试压。合格后打开引流阀，装置压力和干线压力平衡后，打开球阀，然后通知发球方可以发球。待清管器发出后，根据压力、流量等情况密切监控清管器的运行状况，根据参数计算清管器到达时间，在清管器预计到达前 30min 时，关闭干线生产阀，并检查关闭球筒上的平衡阀。排污阀和放空阀必须有专人值守和控制，准备收球。

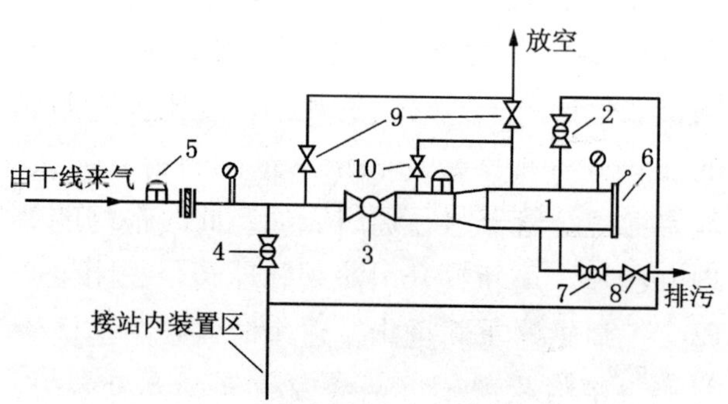

图 2–2　清管器接收装置流程图

1—球筒；2—引流阀；3—球阀；4—生产阀；5—球过指示仪；6—快开盲板；7、8—排污阀；9—放空阀；10—平衡阀由于输气管线状况不同，在接收清管器时的操作也有一定的区别。

1. 干气输送管线收球

干气输送管线最好使用皮碗清管器。此类管线一般情况下都是管线内有一定数量的粉尘，且收球站往往是向脱硫厂或用户供气。因此，主要要求是不能将粉尘输入脱硫厂，而且不能影响该厂的正常生产，所以收球时要和脱硫厂进行联系，随时通报清管器运行状况，双方密切配合。这样的管线宜在距收球站 1km 左右设置监听点，收球前应对该站的除尘器进行排污，保证其除尘效果及有效容量。在清管器通过监听点后，略开排污阀，引流阀关闭 2/3 左右。皮碗清管器运行时声音较大，在判断清管器即将进入球筒时，适当开排污阀，并根据情况控制引流阀开度。总之，既要保证脱硫厂生产，又不能将污物带入。待确认清管器进入球筒后，打开生产阀，关闭引流阀和球阀，恢复正常生产。

2. 含水输气管线收球

含水输气管线一般是直径 200mm 或以下的管线，按表 1-1 中的要求，一般采用高密度泡沫清管器效果较好。此类管线很多的收球站建有脱水装置，因此，重点应控制污水进入脱水装置。在清管器发出后，应对该站的分离器进行排污，保证其储液能力，这也是防止污水进入装置的重要措施之一。清管器在运行过程中，应仔细观察运行状况，根据其情况不断修正预先计算的收球时间，并加强监听。在对流量、压力和各种曲线的综合观察基础上，结合日常管线运行状况（主要是管线含液态水的多少）及监听情况，准确预计液态水到达的时间。在水进入站场前，完全关闭生产阀，略开排污阀。在清管器即将进入收球装置时，气流声忽大忽小的声音非常明显，一些气量小、水量多的管线甚至还能感觉到气流断流的情况，这表示污水即将到达，因此，要马上关闭引流阀，适当加大排污，进行收球。污水到达时，排污的声音非常沉闷，如果是气水相间，则声音变化很大，此时压力表指针上下摆动幅度很大。当压力表指针停止摆动，指示压力略高于发球前的进站压力，排污管线听到明显的纯气流声；装置安装有球过指示仪的，会发出声光报警。这时判断清管器已进入球筒，便可恢复正常生产流程，即开生产阀，关引流阀，恢复正常生产流程，并打开快开盲板，取出清管器，描述清管器状态，记录好各种资料数据。

3. 空管收球

空管清管作业，一般是新管线或管线改造施工后进行，可采用清管球。因为是空管作业，不存在气量不够的情况，除新建管线外，一般不易发生球卡和密封不严的现象。因此，重要的是合理控制清管器运行速度，笔者认为最合理的速度应控制在 12 ~ 18km/h。低于这个速度，清管时间延长，影响工程进度，速度过慢还可能引起清管器受阻后需要较大的压差才能启动，受阻时间长还可能造成密封不严的现象。运行速度过快，管线和装置震动较大，影响其使用寿命。重要的是，以上情况的清管，管线内有大量的空气，要防止硫化铁粉末和空气发生自燃。收球过程中，要经常和发球方联系，合理控制推球压差，并密切注视管线有无发热的现象。如有异常，要及时处理。清管器进入球筒后，关闭放空阀和排污阀，关闭球阀，待管线压力和站内压力平衡后开生产阀正常生产。

4. 支管线收球

这里指的支管线，是指部分单井输往集气站，且距离小于 5km 以下的管线。此类管线的清管作业一般认为管线短，作业时间短，气量影响不大而被忽视。正因为管线小、短，因此管线的储气量很小，一旦发生清管器受阻，推球压力会迅速升高，如果处理不及时，就会有管线超压的情况出现，危及管线、设备安全。即使未超压，但清管器受阻后，在推球压差很大的状态下，解除清管器受阻现象，也会引起管线剧烈的震动，容易发生事故和影响管线运行寿命。在支管线进行清管作业时，要充分考虑上述情况，一般可根据现场实际情况，对推球气量作适当的调整，并要准备一旦发生这种情况时的处理措施。因此，要求发球人员在作业时，要时刻密切注意输压的变化，双方通讯必须良好。一旦发现输压上升异常，要及时联系减小推球气量或完全停止进气，待通过系列处理后，再恢复进气，进行作业。

进行收球操作时注意事项如下：

（1）开关球筒盲板参照发球注意事项。

（2）开盲板前必须打开球筒平衡阀。

（3）开盲板时，关闭排污阀，开放空阀，防止自动排污阀开启气流和污水反窜进入球筒，站场内不能进行放空操作；如有自动放空的站场应将自动改为手动，待操作完毕后方可恢复正常。

（4）因情况需要放空引球时，放空口必须点火；放空口和排污口距离很近的现场，排污时要注意控制放空量的大小，不能引燃排污池。

（5）清管器进入球筒时，推球压差应控制在0.3MPa以内，特别是在清管器即将进站时发生卡球的情况下，更要严格控制推球压差，防止压差过大，球速过快，对收球装置形成冲击，造成事故的发生；如果上述情况下卡球时间较长不能解卡，有条件的可将清管器反推一段距离，再重新引球，此方法有效率非常高，也非常安全。如清管使用的是泡沫清管器，收球时的压差可高一些，但建议不超过0.5MPa为宜。

（6）使用泡沫清管器时，清管器进入球筒时声音很小，要专人监听，以便准确判断清管器是否已进入球筒。

（7）当不能准确判断清管器是否已进入球筒时，在保证管线不超压的情况可暂时不开生产阀，关闭球阀和引流阀，放空后打开快开盲板进行检查。如清管器已经进入球筒，开生产阀倒入正常生产流程，由于此时管线压力较高，开生产阀时应注意平稳操作。如果发现清管器未到，关好盲板后，必须关闭放空阀和排污阀，然后开引流阀平衡压力后，再关闭引流阀，然后方能打开球阀，避免因清管器在离站场非常近的地方，在球阀半开半关时突然启动，冲击球阀，造成事故。此点务必牢记，不能马虎。球阀打开后，再进行正常的收球工作。

(8) 在放空或排污引球时，要注意操作平稳，防止污水从放空口溢出，也要防止排污过猛，将排污池的污水反冲出来，造成污染。

在收球过程中，还有一个值得重点注意的地方，就是在清管器进入收球装置的时候，气流一定要保持双通道，即气流必须要有两个出口。使用排污阀时，由于收球装置本身就有两个排污出口，没有问题。如果不使用排污阀接收清管器时，只单一使用引流阀或放空阀，清管器将很容易被气流带入引流管线或放空管线，造成事故。据笔者了解，此类事件发生的情况还是比较多的，特别是泡沫清管器，非常容易随气流进入下游管线，应引起高度重视。

第三章　监听点的设置

通常情况下对于管线状况良好，平时清管作业一般无异常的管线，建议就在收球站站内设点监听即可，能节省人力物力。对于新建管线、污物较多的管线、状态了解不很清楚的管线，可根据情况，每隔 5 ~ 10km 设一监听点比较合适，可在清管器被卡后，迅速、正确判断卡点，采取有效措施。监听点最好设置在管线的弯头处，如跨越点就比较理想。收球站如果是给脱硫厂等供气，应在距离站场 1 ~ 2km 处设置监听点，保证收球过程中的准确判断和正确操作。无论是否在管线中途设置监听点，收球站的站内监听是最重要的一个点。此点的监听一定要安排经验丰富的人员担任，保证收球工作正常进行。

第四章　异常情况的判断和处理

清管作业发生的异常情况一般分为清管器密封不严和清管器被卡。

一、清管器密封不严

清管器密封不严，在使用清管球时比较容易发生。发生这种情况的原因有几种：清管球被异物垫起，气流从缝隙中通过，不能形成足够的推球压差；管线变形，清管球过盈量较小，不能完全密封；清管球质量较差，堵头脱落，使所注入的清水漏出，过盈量变小并失去部分弹性而不能完全密封；清管球经过管线三通时，部分三通没有安装挡条或挡条安装不合格，使清管球位置向支管线方发生偏移形成密封不严。

清管球密封不严可根据下列情况进行分析判断：在大大超过清管器计算的运行时间后，清管器仍未到达，可断定清管器密封不严。这个判断方法是正确的，但是耽误处理时间。清管器在运行中发生密封不严，在早期是可以发现的，早期处理起来也相对容易一些。清管器发生失密的时候，推球气量由在波动的情况下变为稳定，和正常输气基本相同，输气曲线由上下波动变为一条直线；使用双波纹管差压计计量的站场，可以明显看到差压由上下波动中稳定下来，曲线波动幅度比正常输气时更窄，但收发球站的压差稍大于正常输气，其管线输送效率稍小于正常输气；此时，监听中也感到气流声非常平稳，没有忽大忽小的现象。根据以上综合情况可判断为清管球密封不严。发生上述情况，首先应根据压力、进气量、清管球运行时间等确定发生气量漏失的地点，了解该点有无三通，并根据历次清管情况分析污物影响的因素及管线有无变形等。

在确定清管器密封不严后，可采用下述处理办法：首先采用加大推球压差，方法是发球站快速加大推球气量，使推球气量大于漏失的临界流量，形成足够的推球压差。如发球站没有可增加的气源，但有上游管线时，可考虑关闭出站阀，让上游管线压力上升到一定程度时，快速打开出站阀，也是有效的方法。采用此方法时要充分考虑到上游管线的安全运行压力。如发球站实在无气量可以增加，则采用收球站迅速降低压力的方法，从而达到增加推球压差的目的。如果将上游增加气量和下游降压结合起来使用，效果更佳。笔者采用此方法解决清管球密封不严的问题时，一般在清管器失密 15min 左右能做出判断，用上述“流量增减法”进行处理，成功率在 95%以上。如以上处理均不能解决问题，再考虑发一个过盈量稍大的清管球。在发第二个清管球时，最好使推球气量能比发第一个清管球时的气量大一些。个人观点是，处理清管器失密时，尽量争取不发第二个清管器进行处理，主要防止双球滞留管线的情况发生，使情况恶化。

预防清管球密封不好，主要注意的是：选择合格的清管球；选择合适的过盈量；调节适当的推球气量；管线三通安装的挡条符合清管要求；巡查管线有无可能变形。对经常发生清管球失密的管线，建议采用泡沫清管器或双向清管器，效果很好。

二、清管器被卡（卡球）

如果发球站的压力持续上升，收球站压力下降到一定值时稳定下来，流量持续下降直至无流量，就可断定清管器被卡。卡球一般易发生在异物和粉尘较多的管线，以新建管线和清管周期较长的管线最为常见。发生卡球后，要首先确定卡点，了解卡点的管线状况及历次清管作业情况，判断是什么原因引起卡球，以采取相应的处理措施。一般来说，球被卡后，推球压差会逐渐加大，在压差到达一定时，有自动解卡的可能。要注意的是推球压差应控制在合理的范围，其原则是上游压力不能超过管线安全运行压力，压差过大在解卡时管线会发生剧烈震动，可能导致意外发生。如果上游压力上升到管线压力安全运行的警戒点时，必须联系各进气点停止继续来气，有效防止管线超压运行。在预计的最高推球压差下不能解卡，发球站应立即关闭进气阀，在此压差下密切观察30min左右，看能否解卡。如仍然无效，则采用发球站放空，压力降到低于收球站，将清管器反推一段距离后，再关闭放空，进气升压推球。经过这样的反复仍然不能解卡，则优先考虑将清管器推回发球站，待研究出可行措施后再进行清管。如果在下游压力高于上游压力一定值时，反推无效，说明清管器被卡死，只好进行割管取出清管器。这里需要提醒的是，如果分析是属于粉尘过多引起的卡球，在增大推球压差时建议将其控制在0.5MPa左右，不能过高，主要是防止推球压差过高，将粉尘推紧压死，无法采取另外一些处理措施。在清管前如预计该管线卡球可能性比较大，应考虑发带发报装置的和有吹扫孔的清管器，如果发生清管器被卡死，吹扫孔可以吹扫清管器前面的粉尘，有利于解卡。即使无效，清管器上的发报装置利于快速确定卡点，缩短割管取球工程时间。未带发报装置的清管器发生被卡死的情况时，只好进行人工寻找。其办法是：将管线两端同时放空（不能一端放空完毕后再放另外一端，防止因压差过大，清管球突然启动，引起管线剧烈震动甚至发生管线破裂），其中一端放空到压力回零，另一端则留压力在 0.05 ~ 0.1MPa 左右，再在预计的卡点两端一定距离进行人工钻孔找球。通过观察钻孔后有无气流溢出的情况，可大致判断其具体位置，再按 0.618 优选法作业双方确定第二个钻孔位置。实践中，一般钻孔 20 个左右，即可准确确定卡点，此时便可进行割管取球工作。钻孔找卡点的时候，对被钻管线要有有效的封堵措施，并要做好防腐保护工作。

还有一种情况是管线形成水化物，引起卡球。这种情况最好在向管线内注入一定量的防冻剂后再进行清管，适当控制球速，缓慢进行作业；发生卡球后，控制好推球压差，让其自然解卡。切忌盲目提高压差，强行解卡。

清管工作中，有可能发生清管球破裂。笔者认为，清管球一般情况下很难发生球破的情况，本人参加清管作业3000余次，仅见过一次（见附录中的案例二），可见其发生概率极低，所以一般情况下不要轻易判断为清管球破裂。个人认为，只有在以下情况下可能发生球破：清管球质量极差；在清管过程中发生过卡球，处理时，建立的推球压差极大；新建管线内施工时遗留有钢铁等异物。鉴于上述情况，建议在选用清管球时，要认真检查，使用合格清管球；发生卡球情况时，解卡时一定要合理建立推球压差；对新建管线的施工做好监督、检查和验收。控制好以上环节，球破是可以避免的。

第五章 管线及装置对清管的影响

一、清管阀

清管阀（图5–1）占地少，安装方便，操作简单方便，成本低，近年被广泛推广使用。但是由于受工艺限制，清管阀不会做得很大，一般在直径200mm以下的管线安装使用。本人在使用过程中发现，发球端使用效果非常好，收球端由于排污口较小，在排污时容易形成堵塞，且由于用于小管线，堵塞后易造成管线压力迅速升高。因此，建议在污物（主要指固体）较多的管线不要使用清管收球阀。在发球端使用时，一定要对管线情况非常清楚，在确信不会发生堵塞的管线上安装使用为佳，这

（a）清管阀正面

（b）清管阀背面

图5–1 清管阀

样可防止万一清管器受阻后，将清管器反推回发球站比较困难。

二、管线

不少管线在运行一段时间后，难免有一些改造工程，如改道，新井投产加三通，更换绝缘法兰或绝缘接头，还有其他因改造而使用部分三通、弯头、短接等。由于受施工周期和材料进货渠道的影响，新材料和原管线总有一些差异，这些差异对清管作业影响最大的就是壁厚的差异。一些新的三通、弯头、短接等和管线均是外平齐，从而使管线内径发生很大的变化。笔者在现场见到壁厚超过原管线壁厚最大的达到 10mm 多，超过 6mm 更是屡见不鲜。这样，给清管工作带来很大的难度，主要表现在清管器在此位置极易发生卡堵现象。尤其这些三通、弯头、短接等如果安装在收球站的进站处，清管器在此受阻，再次启动时需要较高的压差，启动后其运行速度极快，容易造成对收球装置的冲击，特别是对盲板的冲击，造成事故，以前是有这方面的教训的（见附录中的案例三）。因此，在改造中，使用的材料要求内平齐是必要的，如果材料实在有困难，个人认为必须根据管线的大小控制在一定范围内。

三、收发球装置

收球装置使用的引流阀使用旋转 90°进行开关的球阀为佳，在操作时可以迅速到位，以保证污物等不进入站场，也能及时有效地处理各种突发情况。

四、盲板

目前普遍使用的盲板有牙嵌式和卡箍式两种。牙嵌式盲板操作方便，开关迅速，维修保养方便，一般为首选。注意的问题是，该盲板的钩圈上方的油杯为机油杯（图 5-2)，不能注入润滑脂。如加注润滑脂，反而堵塞润滑通道，使其弹子得不到润滑。如已加注润滑脂

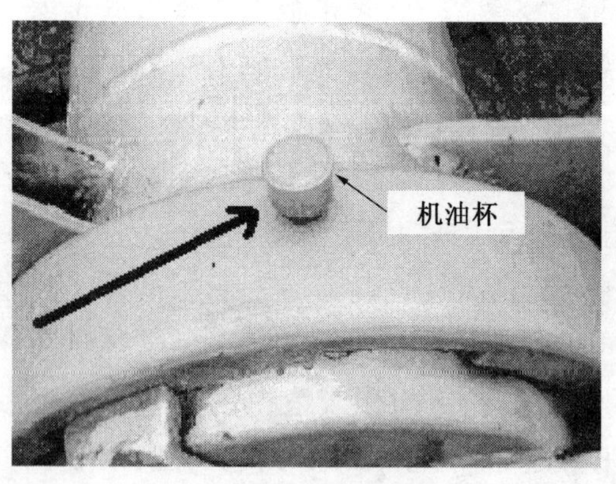

图 5-2　机油杯

的，应用清洗液清洗干净后再加注机油。每次开关盲板后，应在机油杯位移到最高点时加注为宜，使其盲板双边弹子均匀得到润滑。在已使用牙嵌式盲板的球筒，中国石油天然气集团公司西南分公司重庆气矿大竹作业区在现场进行了改进，即在盲板上新增加一个固定装置及限位卡，克服其晃动和单边锁死的缺点（见图5–3、图5–4)，在实际使用中效果很好。卡箍式盲板因开关时易发生上下左右的晃动，或单边锁死，因此，不推荐使用。

图5–3　改进的卡箍式盲板

五、清管作业指示仪

目前站场普遍安装的是触点式球过指示仪。此类指示仪在使用过程中，其灵敏度不

图 5–4　增加的定位卡

高，且易发生误报的现象。泡沫清管器清管时其效果更差，因泡沫清管器一般不能将顶杆顶起，在清管现场一般已放弃使用。

大竹作业区使用自己研发的差压式清管作业指示仪，灵敏度很高，目前已经在现场进行近百次左右的实验使用，无一漏报、误报。和触点式球过指示仪相比较，具有灵敏度高，适应范围广，安装方便，不用在管线上钻孔，不用外接电源，维护方便等优点。现已在厂家进行定制成型产品，其前景非常广阔（图 5–5、图 5–6）。

六、清管球注水装置

四川石油管理局成都总机厂生产有清管球

图 5–5　压差式清管作业指示仪

图 5–6　清管作业指示仪试验现场

注水装置成型产品，但是没有大竹作业区自己加工制作的注水装置使用方便。我们主要是在旋塞阀开了一个三通，操作时转动旋塞 90°，便可以方便地注水和排气（图 5–7、图 5–8）。

图 5–7　注水装置结构

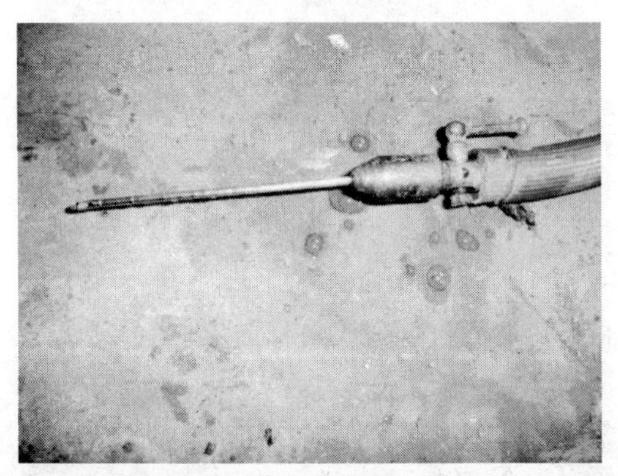

图 5–8　注水装置组装图

七、清管器的重复使用

泡沫清管器磨损大，不推荐重复使用；双向清管器如密封盘边缘磨损在 1/3 以下，个人认为可以重复使用；一次磨损在1/2的情况，可以将密封盘反向安装后，使用在污物较少的管线；清管球如果注水嘴完好，且最长划痕不超过300mm，最深不超过3mm，笔者认为是合格的清管球，可以重复利用。

八、其他

管线三通、收球筒引流阀及排污阀出口必须按规定加挡条。由于现在很多管线使用泡沫清管器，该清管器强度低，易破碎，很容易被气流带入引流阀进入站场设备或通过排污口到排污池，引发事故。因此，建议在不影响气流正常通过的条件下，将挡条改为网格状，确保安全作业。

第六章　清管资料的整理

清管资料包括清管管段首、末站站名，清管管段长度，清管管段管道规格，清管器类型及过盈量，清管器收、发时间，清管前首、末站压力，清管前管道通过气量，清管后首、末站压力，清管后管段通过气量，清管过程中最高推球压力及最大推球压差，清管管段最大相对高差，清管器运行平均速度，清管作业累计进气量，清管作业的放空气量及排污量等。清管作业后还应对清管作业中的一般情况进行描述，包括清管器运行情况，推球压力最高时清管器所在位置，最快球速时清管器所在位置，最大推球压差管段位置，清管正常放空、排污情况等，并对清管推出物和清管结束后的清管器状况进行描述。清管过程中如发生异常，应对清管过程中出现的故障、事故进行分析，对所处管段位置、结构、地形、排污、放空异常导致污染、抢修、抢险等情况进行描述。

总之，天然气清管工作是一系列连续的作业，每个环节都要认真把握，需要高度的责任心和安全感。各条管线的情况不同，一些判断处理方法也不尽相同。以上介绍的一些方法，应灵活运用，把此项工作做好。

清管作业案例分析

案例一

1. 事件经过

1987 年福渠线 *DN*400—46.17km 建成第一次进行空管通球作业时，原定于 7:00 进入现场，8:00 正式进行通球作业。然而由于施工单位的原因，一直到 18:00 左右才开始清管作业。现场人员心情急躁，发球时即将推球压力提高并保持在 1.03MPa，收球端完全敞开放空，46km 管线仅用 28min，清管球到达。此次清管，球速达到 96.4km/h，大大超过清管作业推荐值 12 ~ 18km/h（原四川地区的最高记录 36km/h）。一监听人员坐在一跨越河流的管线上监听，由于管线强烈的震动从管线上掉了下来，福渠线收球用的鼠笼焊接处被打掉 1/2 多。

2. 事件原因

（1）指挥不当。

（2）推球压差控制过大。

3. 经验教训

（1）在进行空管通球时，一般控制推球压

差在 0.3MPa 以下。

（2）空管通球作业推球起点压力尽量控制在 0.5MPa 以下比较易于掌握。

案例二

1. 事件经过

1990 年达卧线竹福段 *DN*400—25.267km 进行清管作业时，因当时管线内污物较多，清管球在距福成寨站约 1km 被严重堵塞。为了解卡，大竹站持续升压，福成寨站放空引球。当大竹站压力升到 6.22MPa，福成寨站放空到 0.31MPa 时，管线及设备发生强烈震动，解卡成功。球进入球筒后检查，却发现球筒内只有 1/4 个清管球。后经当地农民报告，在距站场约 400m 的水田里发现 1/4 个球（从 *DN*200 放空管线飞出），另外 1/2 个却无论怎么都找不到，后经 2 次正常清管也没有踪影。数月后，因气流改变流向，福成寨站刚倒换流程，就发现压力迅速上升，并听到气流节流的啸声。此时，判断是原通球时不见了的那 1/2 个球进入了站场的 *DN*300 生产管线，现因气流流向改变发生位置改变引起堵塞。后经处理将破球引到 *DN*400 管道，然后立即清管，这才将残余的 1/2 个球通出，解决了这个隐患。

2. 事件原因

（1）违章指挥。

（2）推球压差控制过大。

3. 经验教训

（1）球卡时一定要合理控制压差解卡。

（2）清管前一定要认真分析污物情况，通球后要分析污物较多的原因，及时调整通球周期和清管方案，避免出现类似情况。

案例三

1. 事件经过

1998年9月26日因站场改造后，对达卧线石竹段*DN*400—18.75km进行了空管清管作业。清管球到达大竹站进站三通处被卡，石河站陆续升压到1.3MPa，大竹站收球筒未控制背压。约10余分钟后，清管球突然启动，进入球筒，由于距离短，压差大，球进入球筒后猛烈撞击盲板，使球筒向后位移约0.3m，由于反作用力，又向前移动约0.15m。在剧烈的撞击下，收球装置向上跳动后坐回，拉断收球装置所有用来固定清管装置的地角螺栓，使引流阀上的一个*DN*150的短接变形为腰鼓形状。后来经检测，整个清管装置收到严重损坏，必须全部更换收球装置。

2. 事件原因

(1) 由于在设备改造时，在进站管线 $\phi 426\times10$ 三通处更换了短接，因材料原因，换上了 $\phi 426\times27$ 的短节，大大超过原管线壁厚。

(2) 硫化铁粉末多，并已经结为块状，使清管球运行受阻。

(3) 在收球时，没有对这个情况给予充分的重视，球筒没有控制背压，使球进球筒时压差过大，造成猛烈冲击，引起严重后果。

3. 经验教训

(1) 管线在建设、改造、设计审查及施工时，使用的弯头、三通、绝缘接头等的壁厚要尽量和管线的壁厚基本一致。

(2) 进行空管通球时，一般控制推球压差在 0.3MPa 以下。

(3) 推球起点压力尽量控制在 0.5MPa 以下。

(4) 对因客观原因长时间无法进行清管的管线进行清管作业时，一定要考虑到管线内污物较多的因素从而选用不同的清管器，并有相应的安全预案。

案例四

1. 事件经过

1987 年 11 月 8 日，达卧线张卧段 *DN*400—27.901km 清管作业。卧龙河站在收球时，由于判断失误，在污水到达时认为清管球已进入球筒，此时便关闭球阀，打开生产阀倒入生产流程。在生产阀打开后，清管球才到达，被挤入 *DN*300 管道，从生产阀进入站场汇管，造成全站设备剧烈震动，*DN*300 管线从埋地跳起 0.3m，其他用于固定设备的地角螺栓均被拉断，站场的水泥地面被拉裂。

2. 事件原因

（1）组织指挥不当。

（2）管内污水多，且清管球密封不好，形成气水流，站内监听人员作出了错误的判断，在清管球还未进入球筒的情况下，提前关闭球筒球阀，打开了生产阀，造成严重事故。

3. 经验教训

（1）在清管作业中，必须要确认清管球已经进入球筒后方能开生产阀进行正常生产。

（2）监听人员必须安排有经验和负责任的人员担任。

案例五

1. 事件经过

2005 年 4 月 11 日 竹 渠 线 *DN*500—29.514km 清管作业。上午 10:10 在大竹站将高密度泡沫清管器发出，发送压力为 4.70MPa。11:54 左右，接收人员听到清管器到达声，干线压力变送器显示进站压力从 4.4MPa 左右上升到 4.6MPa 左右，判断清管器已引入球筒，于是关闭球筒排污阀，用引流阀生产。由于没有及时打开干线生产阀，泡沫清管器被气流推入站场汇 -3，破碎的泡沫堵塞了气流通道，造成脱硫厂短时停产。

2. 事件原因

（1）泡沫清管器在干气输送中声音小，判断本身较困难，造成判断失误。

（2）未掌握好引流阀及生产阀门开关时间，清管器进入收球筒后气流形成单通道。

（3）联系不到位，造成脱硫厂紧急停产。

3. 经验教训

（1）收球装置没有挡条的尽量不使用泡沫清管器（特别是低密度泡沫清管器）。

（2）如果不能明确判断清管器是否已经进入收球筒，应暂缓开生产阀，快速关闭引流阀、球筒球阀，打开球筒进行检查，确认后恢复正常生产流程。

（3）清管作业和其他单位有联系时，必须及时联系相关单位，便于双方协调配合。

案例六

1. 事件经过

1989 年竹渠线 *DN*500—29.514km 清管作业。由于当时工作人员都忙于双家坝气田投产，在单位内部没有工程技术人员带队，于是决定由一名刚从大学毕业的实习生带队到渠县站收球。由于现场经验不足，没有及时排污，将污水大量引入脱硫厂，造成脱硫厂溶液被污染，数个污水常压罐被冲坏和冲翻，脱硫厂内一片狼藉，严重影响了正常生产。

2. 事件原因

（1）人员安排不当。

（2）排污控制不好。

（3）污水较多，通球周期未确定好。

3. 经验教训

（1）领队人员一定要由有一定经验的人员担任。

（2）控制好排污时机。

案例七

1. 事件经过

1992 年福张复线 *DN*300—28.16km 建成投产首次进行清管作业时，因考虑是新管线，污物较多，张 2 井在第一个球发出约 2km 后又发出一球。福成寨站当时参加人员约 30 人左右，在第一个球到达后，即有人叫关球阀取出清管球，在操作人员将球阀关到一半时，又有人说不能关，还有第二个球未到。操作人员立即停止操作，问："我到底听谁的，你们先统一了后再叫我操作。"意见尚未统一之时，第二个球到达，打坏了处于半开关状态的球阀。

2. 事件原因

(1) 现场人员操作不当。

(2) 现场指挥失误，未明确谁主持作业。

3. 经验教训

每次作业必须确定现场指挥，其他人员的意见均要告诉现场总指挥，由现场总指挥统一安排。

案例八

1. 事件经过

1996 年 11 月 19 日，在对竹福段 *DN*400—25.267km 进行清管作业时，发球人员主观认为该管线清管没有什么问题，清管器发出后便离开了现场。由于管线污物较多，福成寨站发球约半小时后遇卡，管内压力上升极快，又由于涉及各个气田来气，不能立即切断气源。当压力上升到 6.5MPa 时（管线压力等级 6.28MPa），牌坊乡管线被憋爆，在呼啸而出的天然气气流冲击下，管线上空的高压线产出火花，点燃气流。当时关闭了大竹站和福成寨站的生产阀门，但是管线内管存天然气继续燃烧了半小时左右，造成同沟敷设的福渠线被大火烧坏，引起第二次燃烧和爆炸。爆炸气浪将数百米外的围观群众及当地维持治安的人员掀倒，使 2 人受轻伤。

2. 事件原因

（1）通球前未作好卡球应急措施。

（2）发球人员发球后离开现场。

（3）管线压力超过了设计压力而未采取任何降压措施。

（4）安全防范意识不到位。

3. 经验教训

（1）对管线污物情况估计不足，没有对可能发生的卡球情况做充分应对工作，使事件扩大化。

（2）发球人员发球后必须要在站场上密切

观察压力变化，并随时和收球方取得联系。

（3）清管周期必须合理。在卡球时，推球差压不能太大，并按照正常的解卡办法进行处理。

案例九

1. 事件经过

2005 年 7 月 8 日达卧线张卧段 *DN*400—27.901km 清管作业。8:18 张家场站顺利将清管器发出后，预计历时 1 小时 56 分到达卧总站。9:40 发现张家场压力迅速升高，卧龙河集气总站压力及气量迅速降低，压差竟达 1MPa。调度室调走了一部分气量并按要求，由卧龙河集气总站放空引球。放空 20min 左右没有任何反应。10:30 左右卧龙河集气站气量有所增加，压差仍保持在 1MPa，据判断球在某处卡住了，而且清管器密封不严，进气量和漏失量已平衡。此时，根据资料分析清管器被卡在龙华阀室附近，同时龙华阀室附近居民反映，阀室内发生很强的气流啸叫声。技术人员迅速赶往龙华阀室，发现阀室的球阀被关闭 1/3。13:40 打开龙华阀室旁通对清管器前后进行压力平衡，然后全开干线球阀，再关闭旁通阀，清管器即顺利通过了该阀室球阀，14:30卧龙河集气总站顺利收到该清管器。此次清管影响了进入脱硫分厂气量及干线输气压力。

2. 事件原因

（1）通球前检查不到位。

（2）对球阀的动态未掌握，使龙华阀室阀门部分关闭而导致清管器无法通过。

3. 经验教训

（1）对阀室阀门进行维护保养时，开关必须到位。维护保养后，当天应将情况反馈到调度室。

（2）清管前一定要对该管线上的阀室、阀井、阀门进行检查，保证畅通，并设监听点。

案例十

1. 事件经过

1999年对石竹复线*DN*400—18.75km进行清管作业。由于该管线是新建后的第二次清管，都是新设备，收球人员主观认为设备没有问题，在没有检查设备的情况下通知石河站发球。石河站发球约1h左右，大竹站倒换流程收球时，发现球阀不能开，因此只能停止该管线生产，将气流倒入石竹段，然后由石河站放空将球收回后倒入正常生产。

2. 事件原因

通球前未检查设备。

3. 经验教训

在任何情况下，收发球站必须检查设备，保证各种设备完好的情况下，才能通知发球站进行发球操作。

案例十一

1. 事件经过

2005 年 5 月对双竹线 *DN*200—30.071km 进行清管作业。收发球人员到达站上，首先打开收发球装置检查。收球人员发现收球筒球阀不能打开，马上通知发球方禁止发球。发球人员将该事件报告上级，于是决定停止作业，整改设施。

2. 事件原因

通球前没有检查收发球站的设备。

3. 经验教训

收发球站首先必须检查设备，保证各种设备完好的情况下，才能通知发球站进行发球操作。

案例十二

1. 事件经过

2001 年 5 月对达卧线竹福段 *DN*400—25.267km 进行清管作业。当时该管线未进行脱水，管线有大量污水，清管前对通球的进气量没有认真核实，实际进气量远大于计算进气量，因此在清管球进入球筒时，收球人员还没有进入现场，导致污水全部进入竹渠线，影响竹渠线输气能力较为严重。第二天组织竹渠线清管，通出污水 120m^3。

2. 事件原因

（1）清管气量未落实，水量未分析，周期没有定好。

（2）操作人员责任心不强、工作失职。

（3）管线及站内未安排人员进行监听。

3. 经验教训

（1）清管作业中，必须严格审查各种资料的准确性，收球人员必须在球到前半小时进入现场，且不得离开，计算收球时间后必须对计算结果进行核对。

（2）合理安排监听人员。

案例十三

1. 事件经过

1999年10月达卧线达石段DN400—40.02km清管作业。当时管线流量接近$40\times10^4m^3$，当清管球运行33km左右时，出现球不能密封，漏失严重的情况。采用各种手段后，仍然无法推动，因此决定发第二个球。当第二个球在运行到第一个球所在位置时，再次发生漏失。采用各种手段仍然不能启动。只能向气调请求加大气量予以处理。但是当时又没有气源可调，因此，只好将此2个清管球留在管线中，石河站开球筒引流阀生产，并派技术人员驻石河站进行监控。2个月后，气调找到气源，气量增加到$120\times10^4m^3$，才将管内的球通出。由于球在管内时间过长，受压力和腐蚀的影响，取出时已经严重变形膨胀。

2. 事件原因

清管前气量未达到处理意外的要求。

3. 经验教训

(1) 管线清管时，必须调节气量到清管的最低要求后才能进行清管作业。

(2) 在实际的清管过程中，会因管内壁腐蚀情况，所使用的清管器的情况，还有不可知因素等情况，对清管气量要求不同，因此在气量较小时，不宜进行清管。

（3）清管作业时，应有处理异常情况的后备气量。

案例十四

1. 事件经过

1987 年板张线 *DN*200—31.4km 清管作业。张家场站收球作业时，因排污阀开度较大，致使反冲排污池污水及凝析油向外溢出。其凝析油顺站场水沟流至锅炉房，被锅炉炉膛燃烧的火点燃后，火焰迅速沿水沟烧到排污池，引燃排污池约 20 余吨的凝析油，当时火焰高达 50 余米。为了防止事件扩大，通知张家场全体居民撤离，并紧急要求大竹、邻水消防队支援。由于现场没有大型灭火器材及大竹邻水距离都比较远，大火燃烧 2 小时后，直到没有可燃烧物质才自动熄灭。

2. 事件原因

（1）排污时没有控制好开度，造成凝析油外溢。

（2）没有对排污池有大量凝析油引起足够重视。

（3）在现场弥漫天然气和凝析油时，没有关闭现场所有的火种。

（4）没有足够的消防设施和足够的心理准备。

3. 经验教训

（1）清管前清除排污池凝析油，清管排污时必须关闭所有火源。

（2）对有凝析油的管线清管前要和当地消防队进行联系，做好充分的应急预案。

案例十五

1. 事件经过

2006 年 12 月 1 日，胡家坝内部管线清管作业。管线规格 *DN*150，清管时气量 $27\times10^4m^3/d$，计算运行时间 17min。清管球即将进站时，开始排污。由于管线污物较多，排污阀被堵塞，此时管线内压力急剧上升，于是开引流阀对管线泄压。清管球很快进入球筒，但没有及时打开生产阀，球被气流带入引流管线三通处被卡，后割掉此弯头才取出清管球。

2. 事件原因

（1）对支管线清管认识不足，思想麻痹。

（2）现场判断处理失误。

3. 经验教训

清管器进入球筒时，气流不能只有单通道。

总结

以上是本人收集历年来清管作业工作的一些案例。根据以上情况，将清管工作注意事项总结如下：

（1）根据管输效率确定管线清管周期；

（2）在清管前确定适合该管线的清管器材；

（3）清管前必须编制切实可行的方案，并根据各条管线的具体情况做好安全预案；

（4）清管前清管人员必须检查流程、设备、阀室、阀井（有阀室、阀井的管线）及排污池容量等要求检查的内容；

（5）管线长度大于10km的，中途最好设立监听点，对清管作业作好监控；

（6）清管器（球）在运行过程中，正常情况下控制推球压差在0.2～0.3MPa左右，球速控制在12～18km/h内；

（7）清管通球人员在收发球时都应严格按照方案所要求内容进行操作，提高判断能力及事故处理能力。